Bibliografische Information der Deutschen Nationalbibliothek:

Die Deutsche Bibliothek verzeichnet diese Publikation in der Deutschen National-
bibliografie; detaillierte bibliografische Daten sind im Internet über http://dnb.d-
nb.de/ abrufbar.

Impressum:

Copyright © 2011 GRIN Verlag, Open Publishing GmbH
Druck und Bindung: Books on Demand GmbH, Norderstedt Germany
ISBN: 978-3-668-20197-2

Christoph Neumaier

Moderne Anwendungen der Quantenmechanik. Vom Quanten-Computer bis zur Quanten-Teleportation

GRIN Verlag

Gliederung:

1. Einleitung

„Man klagt zu unrecht, dass unsere Zeit keine Philosophen mehr habe, sie sitzen nur jetzt in anderen Fakultäten, und ihre Namen sind Planck und Einstein."[Q1] , diese Aussage vom Theologen und Wissenschaftsorganisator Adolf von Harneck trifft mehr als nur zu. Denn befasst man sich mit der Quantenphysik und vor allem mit ihren Ursprüngen eingehender, stößt man früher oder später auf die immer selben Namen, die maßgeblich an der Entwicklung der Quantenphysik beteiligt waren. Die große Faszination an der Quantenphysik für viele Wissenschaftler ist ihre absolute Abhebung von der klassischen Physik, wie sie unter anderen Newton prägte. Vergleicht man nur manche Aspekte der beiden Bereiche miteinander so sieht man schnell ein, dass die Menschen oft an die Grenzen ihrer Vorstellungskraft geraten, wenn sie sich mit ihr befassen.Die Quantenmechanik befasst sich grundlegend mit allen Vorgängen im atomaren und subatomaren Bereich, in ihr ist nichts mit absoluter Wahrscheinlichkeit auszudrücken, vieles kann nur abgewägt werden.

Wirft man einen Blick in die Vergangenheit, zu den Anfängen des Bereiches der Quantenphysik so beginnt die Reise am Anfang des 20. Jahrhundert. Die Physiker waren der Meinung, dass ihr Wissen mit den Newton'schen Bewegungsgesetzen schon vollendet wäre und alle Probleme der Physik wären fast gelöst; dieses Weltbild durchbricht Albert Einstein mit seiner Relativitätstheorie und erweitert somit den Horizont der Naturwissenschaften.[Q2]

Darauf hin entwickelte sich der Bereich der Physik stetig weiter und vor allem der Bereich der Quantenmechanik, mit Einstein als Pionier, expandierte mit rasantem Tempo und ergatterte immer mehr Aufmerksamkeit der breiten Masse.

In den letzten 100 Jahren sammelten Physiker Unmengen von neuen Theorien wie Erwin Schrödinger 1926 die Wellenmechanik, die das Verhalten von Quantensystemen beschreibt.

Die Quantentheorie ist heute eine der empirisch am wohl besten bestätigten Theorie der Physik. Die Forschung der vorangegangen 100 Jahre ermöglichen dieser Tage erst das Betsehen zahlreicher Einrichtungen wie der European Organization for Nuclear Research (CERN), in Genf, Schweiz.

Dort wird in der heutigen Zeit an jeder Art von atomaren und subatomaren Prozessen geforscht und die Arbeit von Planck und Schrödinger fortgeführt.[Q3]

Doch nicht nur vergangene Forschungen und Entwicklungen prägen den heutigen Wissenstand der Quantenphysik. Auch heutzutage noch ist die Quantenphysik ein wissenschaftlicher Bereich von großer Aktualität, der durch zahlreiche Neuentdeckungen stetig erweitert wird. Vor allem die Erforschung des Quanten-Computers und der Quanten-Teleportation definieren dabei die mitunter interessantesten Bereiche der modernen Forschung.

In den folgenden Kapiteln sollen eben diese Bereiche der Quantenmechanik in ihren Einzelheiten beleuchtet werden. Ziel dieser Ausführung ist es, einen näheren Einblick in die moderne Forschung und ihre Anwendungsgebiete in unseren heutigen Zeit zu geben.

2. Der Quanten-Computer

2.1 Computer versus Quanten-Computer

Bevor wir uns mit dem Quanten-Computer beschäftigen, ist es nötig zuerst die Rechenweise eines klassischen Computer zu betrachten. Der erste Computer war Konrad Zuse's Z1 Maschine, die er 1938 entwickelte und in Abbildung 1 zu sehen ist. Sie legte den Grundstein moderner Rechenmaschinen und verstand sich Schon sich auf die Sprache aller Computer: dem Binärcode.

Abb.1: Konrad Zuse's Z1 Maschine

Aufgebaut ist dieser Code aus Abfolgen von „0" und „1", die als Bit's bezeichnet werden und eine Reihe dieser Bit's als Bit-Register. Das bedeutet, dass alles was ein Computer zur Berechnung oder zur Darstellung benötigt sind diese Bit's.

Betrachtet man beispielsweise ein Bild auf dem Bildschirm eines Computers, ist es für den Betrachter eine Komposition aus Farben und Formen; für den Computer selbst jedoch ist es eine sehr lange Abfolge von 0 und 1, bei dem jeder einzelne Punkt des Bildes wiederum eine Abfolge von 0 und 1 ist. Nun betrachten wir die Rechenmethode eines Computers anhand einer simplen Addition zweier Zahlen. Als Beispiel nehmen wir die Addition von 36 und 72, wobei der Computer genau so vorgeht wie ein Kind in der Grundschule. Er betrachtet zunächst die hinterste Ziffer der ersten Zahl und der zweiten Zahl und addierte diese, also 6+2=8 und notiert sich dies als Zwischenergebnis. Danach betrachtet er die nächsten beiden Zahlen, also 3+7=10 und notiert sich die 0 und die 1 als Übertrag und erhält somit das Endergebnis von 108. Der Computer wechselt als zwischen verschiedenen Zuständen wie „Betrachten", „Addieren", „Notieren" oder „setze Übertrag", wobei jeder Zustand eine Übergangsphase zum nächsten Zustand darstellt. [Q4]

Ein klassischer Computer führt also Berechnungen mit Hilfe von Abfolgen von Zuständen durch, was den größten Unterschied zwischen einem klassischen Computer und einem Quantencomputer definiert. Ein Quantencomputer hat die Fähigkeit, anstatt die Zustände nacheinander anzugehen, sie gleichzeitig durchzuführen. Diese Fähigkeit wird als „Quantenparallelismus" bezeichnet und gilt ebenfalls für die Betrachtung einzelner Bit's. Hat man diesen grundlegenden Unterschied einmal verinnerlicht, hat man einen großen Schritt Richtung Verständnis eines Quantencomputers gemacht.

2.2 Über das Quanten-Bit zum Quanten-Computer

2.2.1 Das Quantenbit

Wie bereits erklärt rechnet ein klassischer Computer mit den beiden Zuständen 0 und 1, wohingegen ein Quantencomputer die Zustände 0 und 1 bei einer Berechnung gleichzeitig annimmt, das bezeichnet man als „Superposition" der Zustände.

Die einzelnen Bit's eines Quantencomputers sind Quantenbits und werden zur Veranschaulichung ihrer Werte in Klammern geschrieben, wodurch sich die folgende Schreibweise ergibt $|0\rangle$ und $|1\rangle$.

Betrachtet man nun den Zustand eines einzelnen Quantenbits so beschreibt man diesen durch: $\alpha \cdot |0\rangle + \beta \cdot |1\rangle$

Hierbei benennt man α und β als Amplituden, diese geben die jeweilige Wahrscheinlichkeit der einzelnen Zustände an; für sie gilt: $|\alpha|^2 + |\beta|^2 = 1$.[Q4]

Werfen wir nun einen Blick auf das „Ablesen" dieser Quantenbits, ziehen wir wieder einen Vergleich mit einem normalen Computer: bei diesem übermitteln kleine elektrische Impulse auf dem Prozessor die Information des gerade vorhandenen Bits; ein Impuls bedeutet hierbei eine 1, falls kein Impuls erscheint ist das eine 0. Eine deutliche Stufe komplizierter fällt dieses „Ablesen" bei dem Quantencomputer aus.

Versucht man nämlich, den Zustand eines Quantenbits zu ermitteln, wird dessen Superposition zerstört, das bedeutet für uns im Kehrschluss, wir haben nur eine Chance das entsprechende Qubit abzulesen. Für die Zeit nach der Messung dieses Bits ist es mit der Wahrscheinlichkeit $|\alpha|^2$ in Zustand $|0\rangle$ und mit $|\beta|^2$ im Zustand $|1\rangle$.

Betrachten wir das anhand eines Beispiels: Der Zustand eines Qubits ist $\frac{1}{\sqrt{4}}|0\rangle + \sqrt{\frac{3}{4}}|1\rangle$, somit ist er mit der Wahrscheinlichkeit $\frac{1}{4}$ im Zustand $|0\rangle$ und mit $\frac{3}{4}$ im Zustand $|1\rangle$.[Q4]

Um den Zustand eines Quantenbits und dessen Position im Raum auch darstellen zu können bedient man sich eines Vektors. Wir betrachten hierbei wieder das Qubit mit dem Zustand $\alpha |0\rangle + \beta |1\rangle$ und definieren diesen Zustand als Vektor.

$$\alpha|0\rangle + \beta|1\rangle = \alpha \cdot \begin{pmatrix} 1 \\ 0 \end{pmatrix} + \beta \cdot \begin{pmatrix} 0 \\ 1 \end{pmatrix} = \begin{pmatrix} \alpha \\ \beta \end{pmatrix}$$

Nun können wir diesen Vektor in ein 2-Dimensionales Koordinatensystem eintragen und haben somit die Position des Qubits im Raum, wie auch in Abbildung 2 zu sehen ist.

Wir haben uns damit beschäftigt wie ein Quantenbit beschrieben, wie sein Zustand zu verstehen ist und wie wir es im Raum darstellen können, aber nun gehen wir einen Schritt weiter zur praktischen Umsetzung. Die Frage lautet nun: Wie stellt man ein Quantenbit her? Es ist einfacher als man zunächst erwarten würde. Wir bedienen

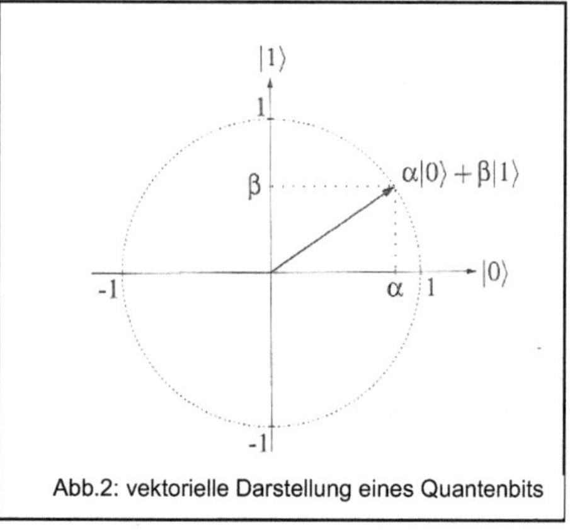

Abb.2: vektorielle Darstellung eines Quantenbits

uns eines Teilchens; als Grundvoraussetzung gilt hierbei die Abschottung dieses Teilchens von seiner Umwelt um Wechselwirkungen mit ihr zu vermeiden, wodurch die Superposition unseres Teilchens zerstört werden würde.

Als nächstes Suchen wir uns eine manipulierbare Eigenschaft dieses Teilchens, wie zum Beispiel dessen Ausrichtung und definieren entgegengesetzte Zustände mit $|0\rangle$ und $|1\rangle$. Und somit haben wir ein beeinflussbares Quantenteilchen, ein Quantenbit.

Als letztes Betrachten wir einen weiteren Aspekt der praktischen Umsetzung: Die Beeinflussung eines solchen Quantenbits. Essentiell für jeden Computer ist es, dass seine Bits beeinflussbar sind um Eingaben überhaupt realisieren zu können. Um ein Quantenbit bei einem Quantencomputer zu manipulieren benutzt man Laserstrahlen oder Magnetfelder. Ändert sich der Zustand eines Quantenbits bezeichnet man das als unitäre Transformation.

2.2.2 Das Quantenregister

Ein weiterer essentieller Bestandteil eines Computers ist das Bitregister, bei einem Quantencomputer als Quantenregister bezeichnet. Im Allgemeinen definiert es nur eine Aneinanderreihung von Bits, bei einem klassischen Computer beispielsweise „001", „101" oder „010" wenn es aus drei Bits besteht. Ähnlich verhält es sich auch bei einem Quantencomputer:

Bei diesem werden die einzelnen Zustände der individuellen Qubits mit einander multipliziert, woraus sich letztendlich das Quantenregister dieser Qubits ergibt. Als Definition des Quantenregisters kann man also festlegen:

$$R = \; \mid x_n \rangle \; \cdot \; \mid x_1 \rangle \; \cdot \; \mid x_2 \rangle \; = \; \mid x_n \cdot x_1 \cdot x_2 \rangle \; .^{Q4}$$

Somit ergibt sich für das Register dreier Quantenbits mit den Zuständen

$\alpha \mid 0 \rangle$, $\beta \mid 1 \rangle$ und $\gamma \mid 1 \rangle$: $\mid 011 \rangle$. Diese Schreibweise vereinfacht vor allem

die Berechnung des Quantencomputers und die vektorielle Darstellung des Quantenregisters.

2.2.3 Die drei Prinzipien der Quantenberechnung

Um die Funktionsweise eines Quantencomputers kennen zu lernen haben wir uns nun mit den Quantenbits und den Quantenregistern befasst. Um das alles noch einmal zu verstehen und weiterzuführen, gibt es die drei fundamentalen Prinzipien der Berechnung:

1. Ein Quantenbit und auch das Quantenregister wird in einem
   2^n- Dimensionalen Vektorraum beschrieben, sodass die Position der Quantenbits und auch des gesamten Registers dargestellt werden kann

2. Beeinflussung eines Quantenbits oder eines gesamten Register wird durch eine unitäre Transformation realisiert

3. Haben wir ein Quantenbit im Zustand $\alpha \mid 0 \rangle + \beta \mid 1 \rangle$ so ist es mit der Wahrscheinlichkeit $\mid \alpha \mid^2$ im Zustand $\mid 0 \rangle$ und mit $\mid \beta \mid^2$ im Zustand $\mid 1 \rangle$.

2.3 Der Quantencomputer in der Praxis

In den letzten Kapiteln ging es darum, wie der Quantencomputer in der Theorie funktioniert, doch nun soll die praktische Umsetzung im Vordergrund stehen. Beschäftigt man sich hiermit, ist vor allem die Universität Innsbruck und Prof. Rainer Blatt zu nennen, die in diesem Bereich schon beachtliche Leistungen erbracht haben. Nicht nur das sie die Theorie verfeinert haben, weiter noch haben schon einige große Fortschritte in der tatsächlichen Realisierung eines Quantencomputers getätigt.

Das „Scala"-Projekt bezeichnet hierbei einen ihrer am weit entwickeltsten Posten. Sie haben im Rahmen dieses Projektes einen Quantencomputer gebaut, Quantenbits erstellt und schon mehrere erfolgreiche Berechnungen durchgeführt.[Q5] Ihre Vorgehensweise in der Umsetzung ist es, einzelne Ionen, Quantenbits, nebeneinander in einem Magnetfeld zu fixieren um dann von diesem Standpunkt aus sie zu manipulieren und mit ihnen Berechnungen durchzuführen. Sie bezeichnen dies als Ionen-Falle. Die Konstruktion ist vakuumiert und so gut von der

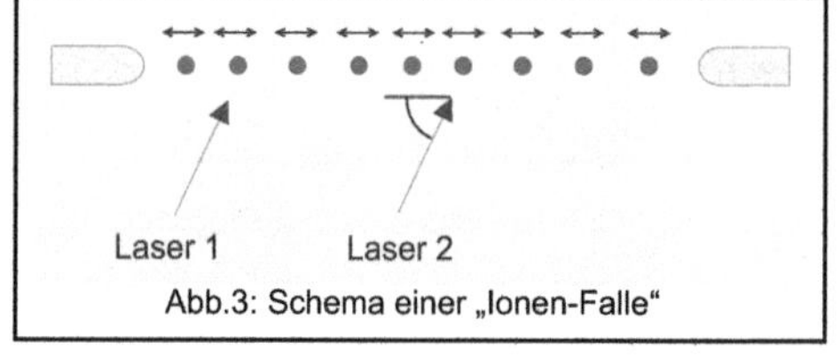

Abb.3: Schema einer „Ionen-Falle"

Außenwelt abgeschottet wie möglich. Wie in Abbildung 3 zu erkennen, werden die Ionen in einer Reihe fixiert und dann durch die Felder beeinflusst, wodurch sie eine unitäre Transformation durchführen können, also den Zustand der einzelnen Qubits ändern können.

Wie funktioniert die „Scala"-Anlage? Damit beschäftigen wir uns jetzt und versuchen hinter das Geheimnis der praktischen Umsetzung zu kommen.
Die Forscher an der Universität Innsbruck verwenden eine X-förmige Konstruktion aus Halbleitern, an die eine hohe Spannung angelegt wird, wodurch sich ein elektrisches Feld aufbaut (vgl. Abbildung 4).

Zusätzlich bringen sie noch starke elektrische Magneten an die beiden Enden der Konstruktion an um das „Einschluss-Feld" zu komplettieren. Als nächstes erzeugen sie Quantenbits wie in Abschnitt 2.2.1 beschrieben; In Innsbruck wird ein Isotop von Calcium verwendet, das $^{43}C^+$.[Q6]

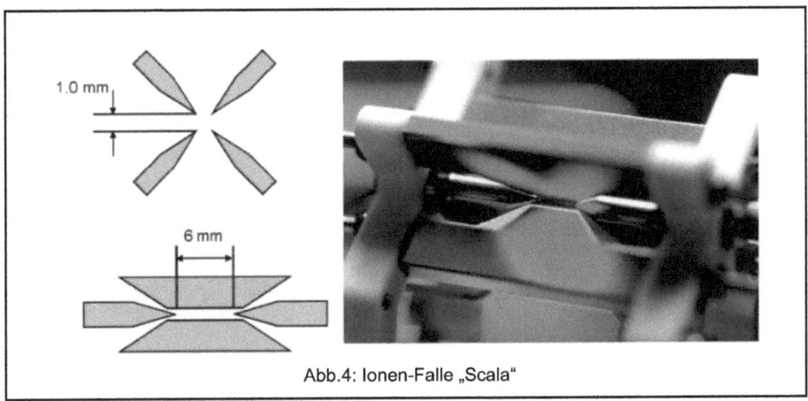

Abb.4: Ionen-Falle „Scala"

Der Grund hierfür ist die relativ hohe Stabilität des Isotops und seine lange Lebensdauer trotz der immer wiederkehrender Einflüsse durch die Magnetfelder. Mehrere Teilchen dieses Calcium-Isotops werden nun in das elektrische und magnetische Feld der Ionen Falle geschleust und sind ab diesem Zeitpunkt, durch das genau abgestimmte Feld, an nebeneinander liegenden Position fixiert. Um Eingaben auf diesen Quantenbits zu tätigen, werden die magnetischen- und elektrischen-Felder verändert; die äußerst präzisen Felder garantieren die genaue Ansteuerung der einzelnen Teilchen.

Die Laser um die Konstruktion regen die Teilchen zur Fluoreszenz an und durch die angebrachten CCD-Sensoren[1], können die Position und die Bewegungen der Qubits verfolgt werden. Die Sensoren sind besonders wichtig, wenn eine unitäre Transformation durchgeführt wird, da sie winzige Bewegungen der Quantenbits aufzeichnen und somit Abweichungen in der Berechnung voraussagen können.[Q6]

---

[1] CCD-Sensoren sind extrem lichtempfindlich elektronische Mikrochips, die Photonen und andere Teilchen registrieren und deren Ursprung berechnen können

Wir haben Quantenbits, wir haben durch die Aneinanderreihung dieser ein Quantenregister und wir haben ein System in dem wir die Teilchen beeinflussen können, wie führen die Forscher in Innsbruck also letztendlich eine Quantenberechnung durch?

Ihr erster Schritt ist es eine Eigenschaft der Calcium-Isotopen zu definieren, die sie manipulieren können, beispielsweise ihre Energieniveaus. Danach brauchen sie innerhalb dieser speziellen Eigenschaft zwei gegensätzliche Zustände - höchstes und niedrigstes Energieniveau als Beispiel - und bezeichnen den einen mit $|0\rangle$ und den anderen mit $|1\rangle$. Somit schaffen sie die Grundlage für eine Quantenberechnung. Versuchen sie nun eine Berechnung durchzuführen, definieren sie eines der Quantenbits als „Kontroll-Bit"; durch die Felder um die Ionen-Falle versuchen sie nur dieses Qubit zu beeinflussen.

Abb.5: Einblick in die „Scala"-Anlage in Innsbruck

Ändert sich nun das Energieniveau des Kontroll-Bits interagieren die umliegenden Qubits, die „Ziel-Bits", mit dem Kontroll-Bit und geben somit die Antwort auf die Eingabe.

Manipuliert man das Kontroll-Bit nun so, dass es den zustand $|0\rangle$ hat, reagieren die Ziel-Bits darauf und ändern ihre Energieniveaus. Je nachdem wie sie dies ändern, erhält man eine Ausgabe. [Q6]

Der momentane Forschungsstand in Innsbruck erlaubt es den Wissenschaftlern sogar ein Quantenregister mit bis zu 20 Qubits stabil zu halten.

Im ersten Moment erscheint dies vielleicht nicht sonderlich beeindrucken, überlegt man sich jedoch, das die Anzahl der gleichzeitig berechneten Rechnungen eines Quantencomputers exponentiell mit dessen Anzahl an Quantenbits steigt und bei 20 Quantenbits die Leistungsfähigkeit dieses Quantencomputers bereits alles übertrifft was es auf der Welt gibt, begreift man letztendlich welche Möglichkeiten sich mit ihm eröffnen. [2]

2.4 Anwendungsbereiche

Da wir jetzt wissen, wie der Quantencomputer in der Theorie und auch wie er in der Praxis funktioniert, stellt sich letztendlich die Frage, wofür wir ihn einsetzen können? Diese Frage ist sehr weitläufig. Der Quantencomputer sprengt alle Grenzen des Berechenbaren, vor allem wenn es zu äußerst komplexen Berechnungen oder sehr Zeitaufwendigen Dingen kommt.
Ein großes Feld ist die Kryptographie, wobei der Quantencomputer eine wichtige Rolle spielt.

Die schnelle „Übersetzung" eines komplex verschlüsselten Textes ist eine äußerst schwierige und zeitaufwändige Aufgabe, die der Quantencomputer übernehmen könnte. Dies funktioniert auch in die andere Richtung, was bedeutet verschlüsselte Nachrichten zu erstellen. Ebenfalls ein Bereich ist die erweitere Suche; klassische Rechner sind bei einem „Suchbefehl" limitiert, wobei ein Quantencomputer alle Möglichkeiten frei hat und die Suche somit deutlich schneller vonstatten gehen kann.
Je weiter sich der Quantencomputer entwickelt, desto größer und vielseitiger werden seine Anwendungsmöglichkeiten; seine Grenzen sind also noch lange nicht gesetzt.[Q3]

---

[2] Die Anzahl der gleichzeitig berechenbaren Rechnungen eines Quantencomputers steigert sich um 2^n wobei n die Anzahl der Quantenbits darstellt. Beispiel „Scala": $2^{20} = 1048576$

3. Die Quanten-Teleportation

3.1 Hinführung

Wir haben uns schon mit der etwas skurrilen Thematik des Quantencomputers beschäftigt, doch nun wenden wir uns einem weiteren modernen Anwendungsfeld der Quantenmechanik zu: der Quanten-Teleportation.

Bekannt ist uns der Begriff „Teleportation" aus Sciencefiction Filmen oder aus Comics der `80er Jahre, doch das dieses Thema eines Tages Realität werden könnte, dachte wohl damals keiner. Die abstrakte Vorstellung, materielle Dinge durch Zeit und Raum bewegen zu können, faszinierte schon sehr viele Menschen; sei es um eine Fernsehserie spannender zu machen oder wirklich physikalisch hinter das Mysterium zu kommen.

Die Theorie wurde 1993 von der internationalen Forschergruppe Bennett, Brassard, Crèpeau, Jozsa, Peres und Wooters erdacht und sie definierten die Teleportation , als die Überwindung eines Raumes ohne das Zeit vergeht oder eine Strecke zurückgelegt werden muss. Der erste erfolgreiche Versuch wurde 1997 in Innsbruck durchgeführt. Ganze materielle Gegenstände zu teleportieren funktioniert nach wie vor nicht, jedoch schafften sie es ein Photon drei Meter weit zu versetzen.

2004 schaffte man es ein Quantenbit 600 Meter über die Donau zu teleportieren. Wie sie es 1997 und auch 2004 schafften, Teilchen über eine räumliche Distanz zu versetzen, klären wir nun.

3.2 Die Grundlagen der Quanten-Teleportation

3.2.1 Die Verschränkung

Um zu verstehen was es mit der Quanten-Teleportation auf sich hat, müssen wir erst einige Prinzipien genauer untersuchen. Eines der wichtigsten Phänomene in der Quantenmechanik ist die Verschränkung. Das Phänomen dabei definiert sich dadurch, dass wenn ein Quantenbit in einem abgeschotteten Quantensystem beeinflusst wird, eben diese Beeinflussung auch auf andere Quantenbits abfärbt auch, ohne dass diese in der Nähe sind.

Das bedeutet, dass diese Quantenbits miteinander „verbunden" sind und das unabhängig von ihrer räumlichen Beziehung.

Um das zu verstehen, betrachten wir das ganze anhand eines üblichen Beispiels in der Quanten-Teleportation. Wir haben zwei verschiedene Personen: Alice und Bob. Sie erzeugen zwei verschränkte Qubits, indem sie beispielsweise zwei „normale" Quantenbits mit der gleichen Wellenfrequenz schwingen lassen und mehrere unitäre Transformationen auf sie anwenden.[3] Nachdem sie dies geschafft haben, bekommt Alice eines der Bits und Bob ebenso, woraufhin sie sich in verschiedene Räume zurückziehen; von äußeren Einflüssen abgeschottet. Die Zustände der beiden Bits sind $\frac{1}{\sqrt{2}}(|00\rangle + |11\rangle)$.

Nun messen beide unabhängig von einander ihre Bits und erhalten beide die Wahrscheinlichkeit $\frac{1}{2}$ für $|0\rangle$ und die Wahrscheinlichkeit $\frac{1}{2}$ für $|1\rangle$. Weder Alice noch Bob wissen, wer als erstes sein Bit gemessen hat und für beide sind die Zustände $|0\rangle$ und $|1\rangle$ gleich wahrscheinlich.

 Wenn sich die beiden nach ihren Versuchen treffen und über ihre Ergebnisse reden, stellen sie fest, dass sie komplett identisch sind. [Q7]

Es spielt hierbei keine Rolle, wer zu welchen Zeitpunkt misst, die beiden Quantenbits sind miteinander verbunden und das komplett unabhängig von ihrer räumlichen Beziehung. Da wir nun das Prinzip der Verschränkung kennen, fehlt uns nur noch ein Punkt bis zum Verständnis der Quanten-Teleportation.

3.2.2 Die Bell-Zustände

Nach der Verschränkung sind die Bell-Zustände einer der entschiedensten Phänomene in der Quantenwelt. Diese speziellen Zustände von Quantenbits definierte John Bell als er in dem Zeitraum um 1964 in dem europäischen Kernforscherzentrum CERN in Genf arbeitete. Diese Zustände hängen sehr eng mit der Verschränkung zusammen, da sie sich erst nach der Verschränkung zweier Bits - wie in Abschnitt 3.2.1 beschrieben - ergeben.

---

[3] für die Herstellung eines verschränkten Qubit-Paares ist die Hadamard-Transformation nötig, das ist eine spezielle unitäre Transformation bei der die Winkel zwischen zwei Bits so gewählt werden, dass sie zueinander verschränkt sind

Die vier Bell-Zustände sind:

$$\Phi^+=\frac{1}{\sqrt{2}}\left(|00\rangle+|11\rangle\right)$$

$$\Phi^-=\frac{1}{\sqrt{2}}\left(|00\rangle-|11\rangle\right)$$

$$\Psi^+=\frac{1}{\sqrt{2}}\left(|01\rangle+|10\rangle\right)$$

$$\Psi^-=\frac{1}{\sqrt{2}}\left(|01\rangle-|10\rangle\right)$$

Diese vier Zustände bilden den zweiten Grundbaustein für die Quanten-Teleportation. Befinden sich zwei Quantenbits in den Zuständen Φ^+ oder Φ^- so ergibt sich bei der Messung durch Alice und Bob - wie in 3.2.1 beschrieben - für beide Bits das gleiche Ergebnis. Befinden sich die Bits jedoch in den Bell-Zuständen Ψ^+ oder Ψ^- so ergeben sich immer gegensätzliche Ergebnisse für Alice und Bob.[Q4]

3.3 Die Quanten-Teleportation in der Praxis

Wir haben uns nun die Theorie der Quanten-Teleportation angesehen, nun wenden wir uns der Praxis zu. Wie wird dieses Sciencefiction Mysterium in der Realität umgesetzt? Auch hier ist wieder die Universität Innsbruck zu nennen und auch Professor Rainer Blatt ist hier wieder involviert. Die Sache an sich klingt komplizierter als sie wirklich ist.

Bei diesem Beispiel, wie in Abbildung 6 dargestellt, wollen wir das bei Alice vorliegenden Photon T zu Bob teleportieren. Um das zu erreichen wird ein verschränktes Photonenpaar erzeugt, indem ein Photonenstrahl durch einen nicht linearen Kristall, in diesem Fall ein β-Bariumborat Kristall (BBO), geleitet wird und sich die ankommenden UV-Photonen in zwei Photonen teilen. Dabei entstehen bei einem sehr speziellen Austrittswinkel zwei verschränkte Photonen.

Nun wird eines dieser Photonen zu Alice geleitet und das andere zu Bob.

Alice hat nun das Photon A und das Photon T, diese beiden verschränkt sie wieder; dieses mal nicht durch einen Kristall, sondern durch eine komplexe Konstruktion aus Spiegeln, dabei versucht sie einen Bell-Zustand von Φ^+ oder Φ^- zu erreichen, um die Verschränkung von Photon A und B weiterhin nutzen zu können. Es entsteht ein Bell Zustand zwischen Photon A und T. Nachdem A und T verschränkt sind, ändert sich der Zustand von B automatisch, da Photon A und B auch verschränkt waren. Alice misst ihr verschränktes Photon T und übermittelt dessen Zustand an Bob durch einen klassischen Kanal, bei der Messung wird die Superposition des Photons T zerstört.

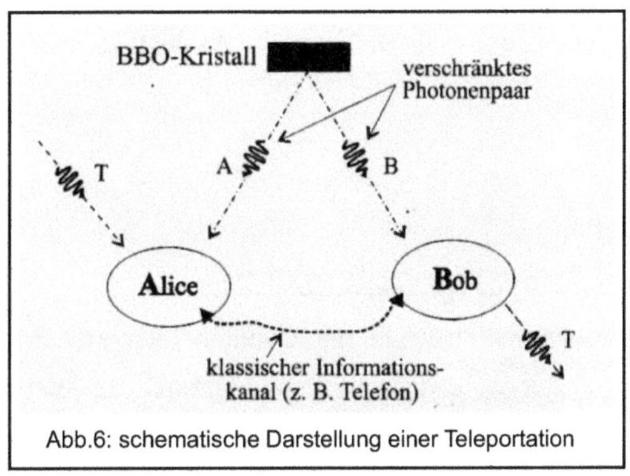

Abb.6: schematische Darstellung einer Teleportation

Nachdem Bob's Photon sich bereits geändert hat, fällt es ihm nun leicht mit Hilfe einer unitären Transformation und anhand Alice's Messergebnissen den Zustand des Photons T „nachzustellen".

Bob hat nun das Photon B in den gleichen Zustand wie das Photon T gebracht, da die Superposition von T zerstört ist, kann man sagen:

Das Photon B ist zu dem Photon T geworden anstatt es nur zu teleportieren.[Q9]

Mit diesem Prinzip wurde 1997 das Photon in Innsbruck um drei Meter „versetzt". Die Forscher in Innsbruck bedienen sich dem gleichen Prinzip und sind heute schon im Stande mehrere Quantenbits gleichzeitig zu teleportieren.

In Abbildung 7 ist die Teleportations-Anlage in Innsbruck zu sehen (für Veröffentlichung entfernt). Die Konstruktion dabei ist ähnlich dem Quantencomputer. Sie verwenden eine Ionen-Falle, in der sie die einzelnen Teilchen verschränken können und somit

zu teleportieren vermögen. Die ganze Konstruktion ist im Vakuum und so gut wie möglich von der Außenwelt abgeschottet.

3.4 Anwendungsbereiche

Die Anwendungsfelder der Quanten-Teleportation sind in ihrem momentanen Entwicklungsstand noch relativ begrenzt. Bis jetzt ist es maximal möglich fünf Quantenbits gleichzeitig zu teleportieren, jedoch beschert das den Möglichkeiten der Teleportation keinen Abbruch.
Noch ist die Forschung in den Kinderschuhen, entwickelt sich aber rasant weiter. Eine mögliche Anwendung, die schon heute ihre Funktion erfüllt, ist Informationsübertragung.
Durch die Beeinflussung eines Quantenbits ist es möglich auf diesem Information zu „speichern" oder eben durch die Zustände der Bits Informationen zu übermitteln. Durch die Teleportation ist es dann möglich dieses Informationen an jeden Ort der Welt zu „senden". Auch wenn die Möglichkeiten momentan noch begrenzt sind, wird sich das mit Sicherheit in den nächsten Jahren drastisch ändern!

4. Schlussbemerkung

In den vorhergehenden Kapiteln haben wir uns mit modernen Anwendungen der Quantenmechanik beschäftigt, haben uns einen Einblick in die Theorie und auch in die praktische Umsetzung verschafft, haben versucht hinter das Geheimnis der Quantenwelt zu kommen. Sie ist ein Teil der Physik, der die klügsten Köpfe unserer Geschichte zum verzweifeln gebracht hat und uns auch heute noch ins größte erstaunen versetzt. Niels Bohr sagte 1922, als er seinen Nobelpreis für Physik entgegennahm, in seiner Rede: „Wer über die Quantentheorie nicht entsetzt ist, der hat sie nicht verstanden." [Q10]

Er selbst war von der Quantenphysik begeistert und fasziniert und mit ihm weitere Forscher, sie legten den Grundstein für unseren heutigen Wissenstand. Wie die Physiker im 20. Jahrhundert nach den Newton'schen Gesetzten dachten es gäbe nichts mehr neues zu entdecken, so könnte man heute denken, wir hätten auch in diesem Teilbereich der Physik so gut wie alle Fragen beantwortet. Doch haben wir noch lange nicht das ganze Potenzial der Quantenphysik erreicht, geschweige denn es verstanden. Damals lag es an Forschern wie Niels Bohr und Erwin Schrödinger, heute liegt es in den Händen von Forschern wie Rainer Blatt in Innsbruck, die unerforschten Gesetze der Quantenphysik aufzudecken. Der Quanten-Computer und auch die Quanten-Teleportation waren möglicherweise damals nur Geschichten aus Sciencefiction Filmen, doch schon bald könnten sie unseren Alltag bereichern und das sind nur einige Beispiele für die Möglichkeiten, die die Quantenmechanik für uns bereit hält.

5. Bibliographie

5.1 Quellenverzeichnis

Q1: Atmanspacher, Harald: „Quantenphysik und Quantenalltag",
<http://www.igpp.de/english/tda/pdf/gehring.pdf> (08.05.2011).

Q2: „Quanten Theorie - Zeitliche Entwicklung",
<http://www.particleadventure.org/german/other/history/
quantumt.html> (09.05.2011).

Q3: Camejo, Silvia Arroyo ([1]10/2007): „Skurrile Quantenwelt", Frankfurt
am Main: Fischer Taschenbuch Verlag.

Q4: Homeister, Matthias ([1]9/2005): „Quantum Computing verstehen",
Wiesbaden: Friedr. Vieweg & Sohn Verlag.

Q5: „Integrated Project Scala", <http://www.uibk.ac.at/th-physik/qo/links/>
(28.09.2011).

Q6: Blatt, Rainer (12/2010): „Quantum computer - dream and
realization", <http://db.tt/4x70Gmoi> (02.03.2011).

Q7: McMahon, David (2008): „Quantum computing explained",
New Jersey: John Wiley & Sons, Inc.

Q8: Roos, Christian: „Deterministic quantum teleportation with atoms",
<http://db.tt/C6loESmo> (16.10.2011).

Q9: Marcikic, I. (01/2003): „Letters to Nature-Long distance teleportation
of qubits at telecommunication wavelengths", <http://db.tt/dP0H3wJi>
(03.04.2011).

Q10: „Zitate über die Quantenphysik", <http://www.oberstufenphysik.de/
quantensprueche.html> (01.11.2011).

<u>5.2 Abbildungsverzeichnis</u>

Abb.1: „Konrad Zuse's Z1 Machine",
<https://thescienceclassroom.wikispaces.com/file/view/z1.jpg/
102968929/z1.jpg> (22.10.2011).

Abb.2: Homeister, Matthias ([1]9/2005): „Quantum Computing verstehen",
Wiesbaden: Friedr. Vieweg & Sohn Verlag.

Abb.3: Ludsteck, Volker (2004): „Experimente mit einer linearen
Ionenkette zur Realisierung eines Quantencomputers",
<http://db.tt/0ut1D48t> (25.09.2011).

Abb.4: Blatt, Rainer: „Ionen-Falle des Quantencomputer Innsbruck",
<http://heart-c704.uibk.ac.at/recent/teleportation/ionenfalle.jpg>
(30.10.2011).

Abb.5: Blatt, Rainer (12/2010): „Quantum computer - dream and
realization", <http://db.tt/4x70Gmoi> (02.03.2011).

Abb.6: Camejo, Silvia Arroyo ([1]10/2007) „Skurrile Quantenwelt" ,
Frankfurt am Main: Fischer Taschenbuch Verlag.

Abb.7: Blatt, Rainer: „ Ionen-Falle des Teleporters Innsbruck",
<http://heart-c704.uibk.ac.at/recent/
teleportationteleporter_roos.jpg> (31.10.2011).